RÉFLEXIONS

DE

M· DE BARRAS,

SUR CE QUI A E'TE'

inseré au Journal de Trévoux
de Janvier 1729, Article 7.

A PARIS,

De l'Imprimerie de CHARLES OSMONT,
au bas de la ruë S. Jacques, près
la Fontaine S. Severin, à l'Olivier.

M. DCCXXIX,

Avec Approbation & Permission.

V. 508: a joindre

REFLEXIONS

DE

M. DE BARRAS,

SUR CE QUI A E'TE' INSERE'
au Journal de Trévoux de
Janvier 1729, Article 7.

JE l'ai dit & redit : les sçavans Spe-
culatifs sont de difficile conver-
sion ; enchantez par la sublimité de
leur théorie, ils veulent décider de
tout par cette voye unique ; & lors-
que dans l'explication des faits de
pure pratique ils ont une fois donné dans le travers, on ne les rame-
ne pas aisément.

Il y a déja plusieurs années que le
R. P. de la Maugeraye, donne à
coup perdu, dans la vision d'un faux
Système sur les bâtimens à rame
des Anciens. Il l'a publié ; il l'a van-

té ; il s'en est applaudi bien des
fois ; il assure même que son Systême a été approuvé par quelques-
uns de ses Confreres, & par quelques personnes d'un mérite distingué ; & par toutes ces raisons, il
persevere d'exalter son triomphe.
En vain je lui ai prouvé par divers
écrits, en divers temps, que ce Systême ne s'accorde point avec la
pratique ; que les bâtimens de son
imagination ne ressemblent à rien
moins qu'aux bâtimens réels des
Anciens, puisque l'on navigeoit
avec ceux-ci, & qu'on ne pourroit
le faire avec les siens, ainsi que
l'usage & la pratique obligent d'en
convenir.

Il ne pût ignorer que c'est le sen-
timent de tous les habiles Constructeurs, aussi-bien que de tous les
Marins, à qui ce Systême a été com-
muniqué. Mais tout cela joint à
mille éclaircissemens que j'ai don-
nés sur cette matiere, sera-t'il capa-
ble de le faire revenir ? point du
tout, il persistera dans son opinion, &

tout ce qu'on pourroit dire de plus, ne fervira jamais de rien. Mon meilleur parti eft donc de l'abandonner à l'aveuglement où l'a réduit le trop grand éclat de fa Théorie. Ce fera, non pas pour lui, puifque fa converfion eft impoffible, mais pour le Public, que je donnerai ici quelques Réfléxions fur la Réponfe qu'il a fait inferer aux Memoires de Trévoux, mois de Janvier 1729. Article 7.

Le P. de la Maugeraye après un petit préambule de fa façon ordinaire, forme de fuite quatre Articles, pour répondre, dit-il, à quatre Chefs de ma Replique imprimée à Marfeille, chez Dominique Sibié 1728. Dans le fecond & le troifiéme de ces Articles, il fait affés connoître que ma Replique lui a fervi au moins à corriger la fauffe idée qu'il s'étoit formée auparavant des bancs de nos Galeres; mais il s'en faut beaucoup qu'il y juftifie la fauffe penfée qu'il avoit publiée de l'impoffibilité prétenduë de rien

mettre fous ces bancs. Les Lecteurs
fuppléeront aifément à ce que j'au-
rois à lui répondre fur le refte de ces
deux Articles ; & l'on trouvera dans
la fuite de cet écrit de quoi répondre au fecond. Je ne parlerai ici que
du premier, à l'occafion duquel on
verra que la verité fe fait jour , mal-
gré les équivoques, & des détours peu
dignes de la fincerité, qui doit faire
le principal caractere d'un Sçavant ;
il fe trouve enfin condamné par fes
propres paroles.

Ce grand Géometre parlant du
fameux bâtiment à rames de Philopator , auquel il compare affés mal
à propos le * *Soleil Royal* , dans fa
Differtation publiée en 1722, avoit
dit que le creux du premier devoit
avoir été plufque quadruple de celui du dernier, qui tiroit 22 ou 23
pieds d'eau ; à quoi j'ai répondu con-
formément à l'idée que tout le monde a , & que l'on doit avoir du creux
d'un Vaiffeau ; qu'il s'enfuivroit que

* *Fameux Vaiffeau conftruit à Toulon fous le pre-
cédent Regne.*

le bâtiment de Philopator auroit dû
avoir plus de cent pieds de creux.
J'ai conclu que le Syſtême du P. de
la Maugeraye qui l'a conduit à cette penſée, ne peut être que faux,
chimerique, &c.

Le bon Pere qui a ſans doute bien
ſenti combien il lui étoit difficile
de ſe tirer de ce pas, ne s'eſt pas pour
cela rebuté ; & comme la ſeule Géométrie a formé ſon Syſtême, il a
cherché dans la meme ſource pour
y trouver l'expedient admirable que
l'on va voir.

Après peut-être bien des recher-
ches inutiles, réfléchiſſant enfin ſur
les trois dimenſions du ſolide interieur de chacun de ces deux bâtimens, ſuivant l'idée qui a pû lui pa-
roître la plus favorable à ſon deſ-
ſein, il s'eſt déterminé à ces trois
rapports $\frac{11,1}{5,4,5}$, dont le produit eſt
$\frac{22}{100}$ découverte heureuſe, qui lui a
fait conclure, que s'il pouvoit venir
à bout de perſuader, que par le creux
d'un Vaiſſeau, il faut entendre le
contenu ſolide de ſa capacité inte-

rieure', puisqu'en ce sens, il seroit
vrai, que comme le dénominateur
100. de la derniere fraction, qui est
le composé de trois autres, est plus
que quadruple du numerateur 24,
de même le creux du Vaisseau de
Philopator seroit plus que quadruple de celui *du Soleil Royal* ainsi qu'il
l'avoit avancé. Mais il falloit em-
pêcher qu'on ne réfléchit pas trop
sur cette subtilité, qu'on ne sçauroit
imaginer : c'est pourquoi pour jet-
ter de la poussiere aux yeux du Lecteur, afin de divertir son attention,
il s'est avisé, en prenant le ton de
maître, qui lui est si naturel, de m'a-
dresser tout de suite une leçon de
Géométrie, pour m'apprendre, dit-
il, que deux solides se comparent par
le rapport composé des trois rapports de leurs dimensions. Sans
m'arrêter ici à examiner s'il a eu
raison de choisir les trois rapports
dont on a parlé ci-devant, prefera-
blement à d'autres, qui pourroient
suivre de ses propres écrits ; je dois
lui dire qu'il pouvoit se dispenser

de mé donner une leçon fur cette
propofition élementaire de la Géométrie pratique, que je fçavois a-
vant qu'il fût au monde, fans être
Géometre ; & comment aurois-je
pû oublier un principe, qui retom-
be fi fouvent dans la pratique du
Toifé, & que tous nos Ecrivains de
Galere, tous nos Toifeurs & Jau-
geurs, plufieurs de nos Ouvriers Ar-
tifans & les moindres Arithmeti-
ciens fçavent parfaitement ? Ne
pourroit-on pas croire que ce Pere,
en faifant la compilation neceffai-
re pour remplir le cours de Mathe-
matique qu'il a entrepris, aura ren-
contré & admiré le tour qu'il donne ici à cette propofition, qui peut
s'énoncer diverfement, & qu'il aura crû pouvoir faifir cette occafion
pour s'en faire honneur par avan-
ce? Mais laiffons toutes ces minu-
ties, & éxaminons, fi en parlant du
creux d'un Vaiffeau, on doit l'entendre dans le fens que lui donne
ici le P. de la Maugeraye ; & fi c'eft
de bonne foi qu'il voudroit nous

perſuader l'avoir entendu ainſi dans
ſa Diſſertation, ſans le ſecours d'aucune équivoque.

1°. Si on conſulte un Conſtructeur, un Maître de Navire, un Of-
ficier, un Matelot pour ſçavoir de
lui combien un tel Vaiſſeau a plus
de creux qu'un autre, auquel on le
compare ; auſſi-tôt le Conſtructeur
jette ſon plomb à fond de cale pour
connoître le creux, c'eſt-à-dire, la
profondeur du Vaiſſeau, ou la diſtance verticale compriſe entre la
quille & le deſſous du tillac ; & s'il
trouve que cette profondeur d'un
des deux Vaiſſeaux ſoit de 20 pieds,
& l'autre de 18, il répond que le
premier a deux pieds de creux plus
que le ſecond. C'eſt donc par cette
ſeule dimenſion, & non par les trois
dimenſions du ſolide interieur, auquel ces gens-là ne penſent nulle-
ment, qu'il faut définir avec eux ce
que c'eſt que *le creux d'un Vaiſſeau.*

2°. Si le P. de la Maugeraye étoit
conſulté ſur le même ſujet, il ſe don-
neroit bien de garde pour y répon-

dre de faire l'office de Jaugeur, en
mesurant le solide de la capacité in-
terieure de chacun des deux Vais-
seaux par les trois dimensions, pour
conclure que l'un a tant de pieds
cubes plus que l'autre. Il sent bien
que personne ne comprendroit ce
qu'il prétendroit faire par sa triple
operation & son calcul, que l'on ju-
geroit très-inutile à l'état de la ques-
tion, & il s'exposeroit à la risée de
tout le monde. Il faut donc qu'il
avouë n'avoir jamais sçû ce que l'on
doit entendre par *le creux d'un Vaisseau.* (Ignorance que je ne devois
pas soupçonner) d'un Géometre qui
a appris la construction à Brest, qui a
frequenté les Constructeurs, &c. ou
bien il faut qu'il convienne que le
tour qu'il donne à present, que j'ai
repris dans sa Dissertation, est un
subterfuge. Il peut opter sur ces
deux consequences ; en attendant
voici ce que je croi pouvoir dire
encore.

3°. Le P. de la Maugcraye aime
fort à s'appuyer sur l'autorité des

des Auteurs ; il compte fur les dé-
cifions mêmes des faifeurs des Dic-
tionnaires, & autres qui ont écrit
fur la marine fans la connoître. Il
eft bien plus raifonnable qu'il con-
fulte ceux qui ont été de profeſſion
à la connoître. Or de tous ceux qui
ont écrit fur la conftruction ou la
navigation, ou qui ont donné l'explication des termes de marine, il
n'en eft aucun qui fe foit avifé de
prendre le creux d'un Vaiſſeau dans
le fens des trois dimenfions ; tous
l'ont entendu de la feule profondeur. [Par exemple, Defroches Of-
ficier des Vaiſſeaux du Roy, dans
fon Dictionnaire des termes propres
de marine, dit : *Le creux d'un Vaiſ-*
feau, c'eſt la hauteur qu'il y a depuis le
deſſous du pont juſques fur la quille. Au-
bin dans fon Dictionnaire de marine,
dit, *creux d'un Vaiſſeau, c'eſt la hau-*
teur qu'il y a depuis le deſſous du pre-
mier pont juſques fur la quille,) *ou la*
diſtance qui eſt entre les baux & les va-
rangues.

L'Auteur du petit Livre intitulé,

Termes desquels on use sur mer dans le parler, en a donné cette définition. *Creux ou pontal d'un Vaisseau, c'est la distance ou la hauteur qui est entre les baux & les varangues.* Je supprime plusieurs autres autoritez où l'on parle le même langage qui est clair & démonstratif, contre la nouvelle idée, à l'abri de laquelle le P. de la Maugeraye tâche d'échaper à la critique. Je le défie de citer aucune autorité qui dise le contraire.

4°. Le P. de la Maugeraye a dit dans sa Dissertation, que le creux d'un Vaisseau est proportionné à son élevation au-dessus de l'eau. C'est un Géometre qui parle, & l'on doit prendre ce qu'il dit d'une signification géométrique. Or ce langage ne feroit pas géométriquement exact, s'il étoit entendu du solide interieur du Vaisseau, puisque ce solide n'augmente pas proportionnellement à aucune ligne allignée du Vaisseau, mais proportionnellement au produit des trois dimensions de ce même solide, ainsi qu'on

peut le déduire de la propofition élementaire, dont il s'eft avifé de vou-
loir me donner une leçon. Je laiffe
au Lecteur à tirer la confequence.

50. Il fuit de toutes ces démonftra-
tions en bonne forme, que non-
obftant tous les efforts que fait pre-
fentement le P. de la Maugeraye,
pour déguifer ou couvrir, à quelque
prix que ce foit, l'erreur où fon
Syftême l'avoit précipité, il a entendu & dû entendre dans fa Differtation, que le creux *du Soleil Royal*
n'étoit que fa profondeur, auffi-bien
que celui du Vaiffeau de Philopator, & il fuit encore que je n'ai pû,
ni dû croire qu'il eût penfé autre-
ment, & que c'eft en ce fens qu'il a
dit alors & voulu dire conformé-
ment à fon Syftême, que le creux
du Vaiffeau de Philopator devoit
être plus que quadruple de celui *du
Soleil Royal*. D'où j'ai très-naturelle-
ment & très-légitemement conclu,
qu'il s'enfuivroit que le Vaiffeau de
Philopator devoit avoir plus de cent
pieds de creux, confequence affom-

mante pour le Pere de la Maugeraye,
& qui devoit le rendre plus docile.
Mais au contraire il ose dire à present, que si j'ai légitimement conclu, il consent que son Système soit
regardé comme chimerique, ainsi
que je l'ai toujours prétendu. Voici
ses propres termes. *Si la conclusion de*
M. de Barras étoit légitime , je convien-
drois que mon Système seroit chimerique.
Donc il en doit convenir à present,
& par là il se trouve enfin condamné par ses propres paroles, ainsi que
j'avois promis de le faire voir.

N'ai-je pas lieu de croire à present, qu'après que les Auteurs d'un
merite & d'un rang distingué qui
ont approuvé le Système du P. de la
Maugeraye, n'ai-je pas lieu de croire, dis-je, qu'après qu'ils auront lû
mes Réflexions sur les prétendus or-
dres de rames dans les Galeres des
Romains & des Carthaginois , &
celles que je viens de faire sur le
creux d'un Vaisseau, qu'ils verront
plus clair que le jour, que j'ai raison de comparer avec nos Galeres

les Vaiſſeaux à rames des Anciens,
& que mon Cenſeur ſe trompe groſ-
ſierement en confondant ou en
comparant les Vaiſſeaux de guerre
des Anciens, avec nos Vaiſſeaux de
haut-bord.

APPROBATION.

J'Ai lû par ordre de M. le Lieutenant Général de
Police, *les Réflexions de M. de Barras, ſur ce qui
a été inſeré dans le Journal de Trévoux, &c.* dont
on peut permettre l'impreſſion. A Paris ce 13 Avril
1729.

PASSART.

PERMISSION.

VU l'Approbation, Permis d'imprimer & diſtri-
buer, le 13 Avril 1729.

HERAULT.

www.ingramcontent.com/pod-product-compliance
Lightning Source LLC
Chambersburg PA
CBHW070222200326
41520CB00018B/5746